LEVEL
1

KB197593

사이언스 리더스

식물은
어떻게 자랄까?

크리스틴 베어드 라티니 지음 | 송지혜 옮김

 비룡소

크리스틴 베어드 라티니 지음 | 22년 넘게 고대 그리스 신화, 재미있는 돈 이야기, 놀라운 동물 정보 등 교육과 관련한 다양한 주제를 탐구하며 어린이 잡지에 글을 쓰고 있다. 주로 매거진 《내셔널지오그래픽 키즈》에 기고한다.

송지혜 옮김 | 부산대학교에서 분자생물학을 전공하고, 고려대학교 대학원에서 과학언론학으로 석사 학위를 받았다. 현재 어린이를 위한 과학책을 쓰고 옮기고 있다.

이 책은 원예가 그렉 헨리 퀸이 감수하였습니다.

내셔널지오그래픽 키즈 사이언스 리더스
LEVEL 1 식물은 어떻게 자랄까?

1판 1쇄 찍음 2025년 1월 20일 1판 1쇄 펴냄 2025년 2월 20일
지은이 크리스틴 베어드 라티니 옮긴이 송지혜 펴낸이 박상희 편집장 전지선 편집 임현희 디자인 천지연
펴낸곳 (주)비룡소 출판등록 1994.3.17.(제16-849호) 주소 06027 서울시 강남구 도산대로1길 62 강남출판문화센터 4층
전화 02)515-2000 팩스 02)515-2007 홈페이지 www.bir.co.kr 제품명 어린이용 반양장 도서 제조자명 (주)비룡소
제조국명 대한민국 사용연령 3세 이상 ISBN 978-89-491-6909-5 74400 / ISBN 978-89-491-6900-2 74400 (세트)

NATIONAL GEOGRAPHIC KIDS READERS LEVEL 1
SEED TO PLANT by Kristin Baird Rattini

사진 저작권 GI=Getty Images; SS=Shutterstock
Cover: (flower) cobalt88/SS; (seeds), Jiang Hongyan/SS; 1, Chris Hill/SS; 2, Digital Vision; 4 (UP), Laurie Campbell/Nature Picture Library; 4 (LO), Le Do/SS; 5 (UP), Valentyn Volkov/SS; 5 (LO), homydesign/SS; 6, Design Pics Inc/GI; 7 (UP), Visuals Unlimited/GI; 7 (LO), Joshua Howard/National Geographic Image Collection; 8, Granger Wootz/Blend Images/GI; 9, Givaga/SS; 10 (UP), Kim Taylor/Nature Picture Library; 10 (CTR), Kim Taylor/Nature Picture Library; 10 (LO), Catalin Petolea/SS; 11, Design Pics Inc/GI; 12, Fuse/GI; 13, Scott Stulberg/GI; 14–15 (background), oriontrail/SS; 14-15, Orla/SS; 16 (UP), Stephanie Pilick/dpa/SS; 16 (LO LE), Dieter Heinemann/Westend61/Corbis; 16-17 (background), lobster20/SS; 17 (UP LE), Olaf Simon/iStockphoto; 17 (CTR), Paolo Gioscoo; 17 (LO), Palette7/SS; 18 (inset), Jill Fromer/E+/GI; 18-19, Comstock Images/GI; 20, Roel Dillen/iStockphoto/GI; 21, Behzad Ghaffarian/National Geographic Your Shot; 22 (LE), Ingram; 22 (RT), Gentl and Hyers/Botanica/GI; 23 (LE), Alex011973/SS; 23 (RT), Mark Higgins/SS; 24 (inset), Raymond Barlow/National Geographic Your Shot; 24-25, Simon Bell/National Geographic Your Shot; 25 (inset), Ints Vikmanis/SS; 26, Craig Lovell/GI; 27, Zurijeta/SS; 28, Alivepix/SS; 29 (1), HamsterMan/SS; 29 (2), Mark Thiessen/NGP; 29 (3), Mark Thiessen/NGP; 29 (4), beyond fotomedia RF/GI; 30 (LE), Sam Abell/National Geographic Image Collection; 30 (RT), Ingram; 31 (UP LE), Olaf Simon/iStockphoto; 31 (UP RT), Dmitry Naumov/SS; 31 (LO LE), Martin Ruegner/Digital Vision/GI; 31 (LO RT), Alex011973/SS; 32 (UP LE), Mark Higgins/SS; 32 (UP RT), irin-k/SS; 32 (LO LE), udra11/SS; 32 (LO RT), Anna Dimo/National Geographic Your Shot; vocab, Angela Shvedova/SS; header, Kostenyukova Nataliya/SS

이 책의 차례

식물이란 무엇일까?

식물은 살아 있는 생명체야. 움직이지 않고
한 장소에 머물러 있지. 하지만 끊임없이
자라고 모습이 변해. 우리처럼 말이야!

물 위에 피는 수련

꼬불꼬불한 어린 고사리

열매가 달린 귤나무

커다란 나무도,
작은 풀도 모두
식물이야. 어떤
식물에는 꽃이
피고, 어떤
식물에는
열매가 맺히지.

꽃이 핀 난초

식물이 없는 지구는 도저히 상상할 수 없어!

농부가 정성껏 기른 채소와 과일은 우리의

소중한 먹을거리가 돼.

목화에서 솜을 뜯는 농부

어떤 식물로는 옷을 만들어.
면 티셔츠는 목화에서 얻은
솜으로 만들지.

또 식물은 동물들의
아늑한 보금자리가
되어 주기도 해.

나무속 구멍에 사는 곰

식물의 생김새는?

식물은 뿌리, 줄기, 잎으로 이루어져 있어.

우리 몸에 빗대어 보면 기억하기 쉬울 거야!

팔은 잎과 비슷해.

몸통은 줄기와 닮았어.

발은 뿌리와 비슷하지.

뿌리는 식물을 땅에 단단히 붙들어 줘.
줄기는 식물이 바로 서서 자라게 하지. **잎**은
햇빛을 받아서 **영양분**을 만들어.

잎

줄기

뿌리

식물 용어
풀이

영양분: 생물이 살아가고
자라나는 데 필요한 물질.

씨에서 식물이 되기까지!

 **1** 놀라지 마. 많은 식물이 처음에는 **씨**였어!

 **2** 땅속에 씨를 심었더니 뿌리가 빼꼼 나왔어.

 **3** 씨의 껍질이 벗겨지고 **싹**이 돋았네!

식물 용어 풀이

씨: 식물의 열매 속에 있는 단단한 물질.

싹: 식물의 씨, 줄기, 뿌리에서 처음 돋아나는 어린잎이나 줄기.

싹이 트고 나서도 식물은 계속해서 자라나.
땅속에 뿌리를 내리고, 줄기와 잎을 땅
밖으로 드러내지. 잎아, 안녕?

잎

줄기

뿌리

식물이 자란다!

물을 주면 식물이 무럭무럭 자라.

우리가 크듯이 식물도 점점 크게 자란단다.
뿌리는 **흙** 속 깊이깊이 뻗어 나가. 굵어진
줄기는 하늘을 향해 뻗어 오르지. 잎은
넓어지고 개수가 많아져.
튼튼한 가지도
늘어나고 말이야.

식물 용어 풀이

흙: 지구의 겉면을 덮고 있는 물질로, 식물이 자라는 곳.

식물이 쑥쑥 자라서 가지와 잎이 많아졌어!

식물이 잘 자라려면?

식물이 자라는 데 필요한 것은?
- ✓ 흙
- ✓ 물
- ✓ 영양분
- ✓ 햇빛
- ✓ 공기
- ✓ 넉넉한 자리

뿌리는 흙에서 물과 영양분을 힘껏 빨아들여. 흙에는 식물에게 꼭 필요한 물과 영양분이 많거든. 잎은 햇빛과 공기에서 영양분을 만들어 내지. 또 식물이 잘 자라려면 뿌리 내릴 자리가 넉넉해야 한다는 말씀!

햇빛

공기

흙

물과 영양분

15

6 식물에 관한 가지 놀라운 사실

1

세이셸야자나무 씨는 전 세계에서 가장 무거워.
씨 하나가 30킬로그램에 이르지. 초등학교
2학년 아이의 몸무게와
비슷한 거야.

2

식물은 비누와 샴푸 같은 목욕
용품을 만드는 재료가 돼.
음, 향긋해!

3

바로 이 책에 사용된 종이도
나무로 만들었다는
말씀!

4

해바라기 씨들

해바라기 한 송이에는 무려
1000개가 넘는 씨가
맺혀. 와우!

5

세계에서 가장 빨리 자라는 식물은
대나무야. 하루 만에 세 살
아이의 키만큼 쑤욱
자라 있다나?

6

지금 세계에서 가장 키가 큰 나무는
미국 뉴욕에 있는 자유의
여신상만 하대.

꽃이 피어나!

우아, 예쁜 꽃이다! 많은 식물이 꽃을 피워.

처음에는
줄기 끝에
꽃봉오리가
맺히지.

그러다가 서서히
꽃봉오리가
열리면서, 꽃잎이
살그머니 벌어져.

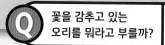
Q 꽃을 감추고 있는
오리를 뭐라고 부를까?

꽃봉오리 **A**

**식물 용어
풀이**

꽃봉오리: 아직 피지 않은 꽃.

짜잔!

꽃이 활짝 피었어.

끈적끈적한 꽃가루

그럼 처음에 씨는
어떻게 생길까?
꽃에는 수술과
암술이 있어.
수술에서는 끈끈한
꽃가루를 만들지.
덕분에 꽃가루는
꽃에 날아드는
벌이나 나비의
몸에 착 들러붙어.

몸에 꽃가루가 묻은 벌

꽃가루는 벌이나 나비의 몸에 붙어서 그 꽃의 **암술**로 옮겨 가. 이걸 **꽃가루받이**라고 하지. 암술은 꽃가루를 받아 새로운 씨를 만들어 내.

식물 용어 풀이

수술: 꽃에서 꽃가루를 만드는 부분.

암술: 꽃가루를 받아 씨를 만드는 꽃의 한 부분.

꽃가루받이: 수술의 꽃가루가 암술로 옮겨 가는 일.

씨 퍼트리기 대작전!

식물은 여러 방법으로 씨를 보호해. 식물이 자손을 퍼트리려면 씨가 꼭 있어야 하거든. 그래서 씨는 보통 **열매**에 잘 싸여 있어.

단풍나무 열매

완두 열매

단풍나무 씨

완두 씨

오렌지나무처럼
씨를 열매
안쪽에 꽁꽁
숨겨 두는
식물도
있어.

오렌지 씨

딸기 씨

딸기는 씨가 열매 바깥에
콕콕 박혀 있네!

식물은 어떻게 다른
곳에 씨를 퍼트릴까?
움직이지 못하는데
말이야! 씨는 자연의
도움으로 여기저기
옮겨져. 바람에 실려
훨훨 날아가기도
하고, 동물들이 옮겨
주기도 하지.

새는 열매를 먹고 그 속에
있는 씨를 날라 줘.

그러다 땅에 자리를
잡으면, 씨는 곧 싹을 틔워.
거기서 새로운 식물이 자라는 거야!

다람쥐는 열매를 먹고 다른
곳에 똥을 누어서 씨를 옮겨 줘.

민들레 씨는 바람에 실려 날아가.

냠냠, 식물은 맛있어!

사람도 동물도 식물을 먹고 살아.

우리는 오늘 얼마나 많은 식물을

먹었을까?

판다는 대나무를 먹고 살아.

시원하고 달콤한 수박은 식물의 열매야.

콩을 길러 볼까?

주변 어른의 도움을 받아서 식물을 직접 길러 보는 건 어때? 기른다면, 금세 자라는 강낭콩이 좋겠어.

준비물:
- ✓ 강낭콩
- ✓ 물을 담은 컵
- ✓ 작은 화분
- ✓ 흙
- ✓ 물을 줄 때 쓸 컵이나 작은 통

1 물을 담은 컵에 강낭콩을 담가 두고 하룻밤을 기다려.

2 화분에 흙을 채우고 강낭콩을 심어 줘. 흙 속으로 강낭콩을 2센티미터쯤 쏙 밀어 넣고 흙을 덮으면 돼.

3 물을 조금 부어서 흙을 촉촉하게 적셔 줘.

4 화분을 햇빛이 잘 드는 곳에 놓아. 그리고 흙이 마를 때마다 컵으로 물을 조금씩 줘. 이렇게 일주일 정도가 지나면 싹이 쏘옥 올라올 거야!

사진 속에 있는 건 무엇?

식물과 관련된 것들을 아주 가까이에서 찍은 사진이야. 사진 아래 힌트를 읽고, 오른쪽 위의 '단어 상자'에서 알맞은 답을 골라 봐. 정답은 31쪽 아래에 있어.

힌트: 이것이 서서히 열리면서 꽃잎이 벌어지고 꽃이 피어.

힌트: 햇빛과 공기에서 영양분을 만드는 식물의 어떤 부분이야.

단어 상자

잎, 비, 벌, 꽃봉오리, 딸기, 해바라기

3

힌트: 이 꽃은 1000개가 넘는 씨를
품고 있어.

4

힌트: 하늘에서 떨어져 식물에
물을 줘. 주룩주룩 내려.

5

힌트: 꽃밭을 붕붕 날아다니면서
꽃가루를 옮겨.

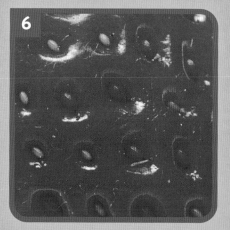

6

힌트: 씨가 겉에 콕콕 박혀 있는
빨간색의 열매야.

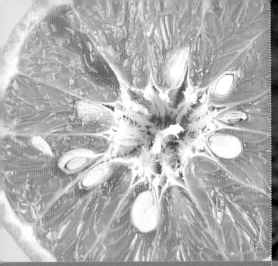

씨
식물의 열매 속에 있는 단단한 물질.

싹
식물의 씨, 줄기, 뿌리에서 처음
돋아나는 어린잎이나 줄기.

이 용어는
꼭 기억해!

흙
지구의 겉면을 덮고 있는 물질로,
식물이 자라는 곳.

꽃가루받이
수술의 꽃가루가 암술로 옮겨
가는 일.